Oliver Thaßler

# Biosphärenreservate - neue erfolgreiche Konzepte?

GRIN Verlag

**Bibliografische Information der Deutschen Nationalbibliothek:**

Die Deutsche Bibliothek verzeichnet diese Publikation in der Deutschen National-
bibliografie; detaillierte bibliografische Daten sind im Internet über http://dnb.d-
nb.de/ abrufbar.

**Impressum:**

Copyright © 2006 GRIN Verlag GmbH
Druck und Bindung: Books on Demand GmbH, Norderstedt Germany
ISBN: 978-3-640-88655-5

**Dieses Buch bei GRIN:**

http://www.grin.com/de/e-book/168551/biosphaerenreservate-neue-erfolgreiche-
konzepte

Oliver Thaßler
Universität Kassel
Fakultät Architektur, Stadtplanung, Landschaftsarchitektur
Fachbereich Landschaftplanung und Landnutzung

# Biosphärenreservate- neue erfolgreiche Konzepte ?

**Studienarbeit Wintersemester 06/ 07**

# Biosphärenreservate- neue erfolgreiche Konzepte ?

## 1.Das Konzept der Biosphärenreservate

Biosphärenreservate (biosphere reserve) sind großflächige, repräsentative Ausschnitte von Natur- und Kulturlandschaften, die aufgrund reicher Naturausstattung und einer landschaftsverträglichen Landnutzung überregionale Bedeutung besitzen und in Deutschland eine Schutzkategorie nach dem Bundes-Naturschutzgesetz darstellen. Biosphärenreservate sollen sämtliche Landschaftstypen der Welt innerhalb eines weltumspannenden Gebietsystems repräsentieren. Die Auswahl der Landschaftsräume richtet sich deshalb nicht primär nach Kriterien wie Schutzwürdigkeit oder Einmaligkeit.

„Zweck des internationalen Biosphärenreservatnetzes ist die systematische Erfassung aller biographischen Räume der Erde. Einbezogen werden sollen repräsentative Gebiete aller biographischen Regionen der Erde- einschließlich Tide- und Meeresbiotopen in Küstenregionen-, einmal in ihrem ursprünglichen Zustand und zum anderen mit den von Menschen ausgelösten Veränderungen unterschiedlichen Ausmaßes".
(UNESCO 1984, S. 12 f.)

War in den früheren Konzepten der 70er Jahre der Fokus auf dem Schutz bedeutender Naturlandschaften hat sich die Zielstellung auf den Schutz, Pflege und die Entwicklung von Kulturlandschaften gewandelt. In Biosphärenreservaten sollen die Grundlagen für den Erhalt der Funktionsfähigkeit der Ökosysteme und der Schutz der biologischen Vielfalt erfüllt werden. Biosphärenreservate sind deshalb das Instrument für die nachhaltige Entwicklung repräsentativer Landschaften.

## 2. Administrative und rechtliche Grundlagen

Die UNESCO (United Nations Educational, Scientific and Cultural Organization-Organisation der Vereinten Nationen für Bildung, Wissenschaft, Kultur und Kommunikation) weist mittels Biosphärenreservate im Rahmen des Programms Mensch und Biosphäre (*Man and Biosphere - MAB*) zum Schutz typischer Landschaften aus. Es handelt sich um ein wissenschaftliches Programm mit Zielvorgaben. Der Erarbeitung wissenschaftlicher Grundlagen zur Erhaltung der natürlichen Ressourcen der Biosphäre, der Konzeption von Bewirtschaftungsmodellen auf Grundlage der Nachhaltigkeit. Die beispielhafte Entwicklung, Erprobung und Umsetzung dieser Modelle in repräsentativen Landschaften erfolgt in Biosphärenreservaten.

Dieses Programm wurde am 23. Oktober 1970 durch die 16. Generalkonferenz der UNESCO ins Leben gerufen. Für die internationale Organisation, Planung und Koordination des MAB-Programms ist ein "Internationaler Koordinierungsrat" zuständig, welcher sich aus Vertretern von 30 UNESCO-Mitgliedsländern zusammensetzt. Die Deutsche Beteiligung an MAB besteht seit 1972. Die UNESCO Generalversammlung legte 1995 in Sevilla, Spanien die „Internationalen Leitlinien für das Weltnetz der Biosphärenreservate" fest. Für die internationale Organisation, Planung und Koordination des MAB- Programms ist ein "Internationaler Koordinierungsrat" zuständig, welcher sich aus Vertretern von 30 UNESCO-Mitgliedsländern zusammensetzt. Die Verwaltung von Biosphärenreservaten in Deutschland sind der Höheren bzw. Oberen oder der Obersten Naturschutzbehörde zuzuordnen.

Im Bereich der bundesdeutschen Gesetzgebung sind "Biosphärenreservate nach § 25 BNatSchG "einheitlich zu schützende und zu entwickelnde Gebiete, die

- großräumig und für bestimmte Landschaftstypen charakteristisch sind,

- in wesentlichen Teilen ihres Gebiets die Voraussetzungen eines Naturschutzgebiets, im Übrigen überwiegend eines Landschaftsschutzgebiets erfüllen,

- vornehmlich der Erhaltung, Entwicklung oder Wiederherstellung einer durch hergebrachte vielfältige Nutzung geprägten Landschaft und der darin historisch gewachsenen Arten- und Biotopvielfalt, einschließlich Wild- und früherer Kulturformen wirtschaftlich genutzter oder nutzbarer Tier- und Pflanzenarten, dienen und

- beispielhaft der Entwicklung und Erprobung von die Naturgüter besonders schonenden Wirtschaftsweisen dienen."


Diese nationale rechtliche Regelung eröffnet den Ländern die Möglichkeit, Biosphärenreservate auszuweisen, die zunächst noch nicht mit den internationalen Vorgaben der UNESCO übereinstimmen. Viele Bundesländer haben bereits vor der rahmenrechtlichen Regelung die Biosphärenreservate, z.T. mit Erwähnung der UNESCO-Anerkennung, in ihre Landesnaturschutzgesetze aufgenommen. Gemäß den Leitlinien des internationalen Programms "Der Mensch und die Biosphäre" (MAB) werden seit 1976 Biosphärenreservate von der UNESCO anerkannt. Das internationale Prädikat "Biosphärenreservat" wird auf der Grundlage des "Statutory Framework of the World Network of Biosphere Reserves" (UNESCO 1995, 1996) verliehen. Weitere Organe des Übereinkommens/ Programms ist der internationale Koordinationsrat (ICC) des MAB- Programms, der internationale Beratungsausschuss für Biosphärenreservate und die Zusammenarbeit des europäischen MAB- Nationalkomitees.

Schutzzweck und Ziele für Pflege- und Entwicklung des Biosphärenreservats als Ganzes und in den einzelnen Zonen werden durch Rechtsverordnungen, Programme und Pläne der Landes- und Regionalplanung sowie die Bauleitplanung- und Landschaftsplanung gesichert. Der Großteil der Biosphärenreservatsflächen muss rechtlich geschützt, so ist die Kernzone als Nationalpark oder Naturschutzgebiet zu sichern, schutzwürdige Bereiche in der Entwicklungszone sind durch Instrumente der Bauleit- und Landschaftsplanung rechtlich zu sichern.

## 3. Strukturelle Kriterien (Deutschland)

Die Kriterien richten sich nach dem Katalog des Deutschen Nationalkomitees für das UNESCO- Programm „Der Mensch und die Biosphäre" (MAB) / Bundesamt für Naturschutz (1996):

### 3.1. Repräsentativität

Das Biosphärenreservat muss Ökosystemkomplexe aufweisen, die von Biosphärenreservaten in Deutschland bislang nicht ausreichend repräsentiert sind.

### 3.2. Flächengröße

Das Biosphärenreservat soll in der Regel mindestens 30.000 ha umfassen und nicht größer als 150. 000 ha haben. Länderübergreifende Biosphärenreservate dürfen diese Gesamtfläche bei entsprechender Betreuung überschreiten.

### 3.3. Zonierung

Das Biosphärenreservat muss in Kern-, Pflege- und Entwicklungszonen gegliedert sein. Die Kernzone muss mindestens 3% der Gesamtfläche, die Pflegezone soll mindestens 10% der Gesamtfläche einnehmen. Dabei muss die Kernzone von der Pflegezone umgeben sein. Die Entwicklungszone soll mindestens 50% der Gesamtfläche betragen.

### 3.3.1. Kernzone

- Ausschluss menschlicher Nutzung

- Zulassen der Dynamik ökosystemarer Prozesse

- Der Schutz natürlicher bzw. naturnaher Ökosysteme genießt höchste Priorität

### 3.3.2. Pflegezone

- Erhalt und Pflege von Ökosystemen, die durch menschliche Nutzung entstanden oder beeinflusst sind

- Abschirmung der Kernzone vor Beeinträchtigungen durch menschliche Nutzung

- Landschaftspflege als Instrument des Kulturlandschaftserhalts

- Erholung und Maßnahmen zur Umweltbildung sind am Schutzzweck auszurichten

- Umweltbeobachtung und Erforschung von Struktur und Funktion von Ökosystemen

*3.3.3. Entwicklungszone*

- Lebens-, Wirtschafts- und Erholungsraum der Bevölkerung

- Entwicklung einer nachhaltigen Nutzung

- umwelt- und sozialverträglicher Tourismus möglich

- Erforschung der Mensch-Umwelt-Beziehungen sowie

- der Funktionen von Ökosystemen und Naturhaushalt

- Umweltbeobachtung

- Aufnahme schwerwiegend beeinträchtigter Gebiete als Regenerationszone innerhalb der Entwicklungszone mit dem Ziel der Behebung von Landschaftsschäden

- rechtliche Sicherung schutzwürdiger Bereiche durch Schutzgebietsausweisungen und ergänzend durch die Instrumente der Bauleit- und Landschaftsplanung

## 4. Funktionale Kriterien

Funktionale Kriterien versuchen zu erfassen, inwieweit ein Biosphärenreservat seinen umfassenden Aufgaben nachkommt, und ob es durch sinnvolle Ergänzung, Schwerpunktbildung oder Vertiefung einen spezifischen Beitrag zu den Aufgaben der Biosphärenreservate in Deutschland und weltweit leistet. Die ständige Arbeitsgruppe der Biosphärenreservate in Deutschland definiert in Übereinstimmung mit dem Deutschen MAB-Nationalkomitee und der LANA Biosphärenreservate als Modellgebiete, die bestimmte Funktionen zu erfüllen haben.

*4.1. Nachhaltige Nutzung und Entwicklung (Entwicklungs- und Modellfunktion)*

Der Erhalt und die Weiterentwicklung von bestehenden Landnutzungsformen im Sinne einer nachhaltigen Entwicklung ist als Schlüsselfunktion der Biosphärenreservate in Deutschland anzusehen. Menschliche Tätigkeit bildet die Grundlage für den langfristigen Erhalt von Kulturlandschaften. Daher sollen, in Zusammenarbeit mit der ansässigen Bevölkerung, wirtschaftlich tragfähige und nachhaltige Nutzungsformen modellhaft entwickelt und erprobt werden. Ziel ist es hierbei, Konzepte zu finden, die auch auf Regionen außerhalb der Biosphärenreservate übertragbar sind. Formen einer dauerhaft- umweltgerechten Entwicklung sind:

- Erhaltung der Leistungsfähigkeit des Naturhaushaltes und der Produktivität sowie der Entwicklungsfähigkeit der Ökosysteme

- Standort- und umweltgerechte Nutzung

- Bewahrung des Landschaftsbildes

- Verringerung der Umweltbelastung und Beeinträchtigung des Naturhaushaltes

- Möglichst geschlossene (betriebliche) Stoffkreisläufe und ihre Anbindung an natürliche Kreisläufe

- Verringerung des Energieverbrauchs (Fossile Brennstoffe) und Rohstoffeinsatzes

## 4.2. Naturhaushalt und Landschaftspflege (Schutzfunktion)

Biosphärenreservate dienen dem Schutz der abiotischen Ressourcen Boden, Wasser, Luft und der Lebensgemeinschaften, die diese Schutzfunktionen im Naturhaushalt ausüben (Erhalt der Ökosysteme). Ziele, Konzepte und Maßnahmen zu Schutz , Pflege und Entwicklung von Ökosystemen und Ökosystemkomplexen sowie zur Regeneration beeinträchtigter Bereiche sind durchzuführen. Das betrifft:

- repräsentative Beispiele natürlicher Ökosysteme

- einzigartige Gemeinschaften oder Flächen mit ungewöhnlichen natürlichen Merkmalen von hohem Rang

- Beispiele einer harmonischen Landschaft, die durch traditionelle Landnutzung geschaffen wurde

- Beispiele naturferner Ökosysteme, die möglicherweise wieder in einen naturnäheren Zustand überführt werden können

## 4.3. Biodiversität (Schutzfunktion)

Der Erhalt genetischer Ressourcen ist zu sichern. Maßnahmen zur Erhaltung der biologischen Vielfalt mit dem Vorkommen an pflanzen- und tiergenetischen Ressourcen sind zu unternehmen.

- Schutz autochtoner und endemischer Tier- und Pflanzenarten und von repräsentativen Populationen dieser Arten

- Schutz verwandter Wildarten von Kulturpflanzen und Nutztieren

- Schutz alter Sorten und Landsorten von Kulturpflanzen und bedrohten Haustierrassen

## 4.4. Forschung (Logistische Funktion)

Biosphärenreservate sollen als Untersuchungsräume für angewandte ökologische Forschung und Umweltbeobachtung dienen. Dabei kommt ihnen Bedeutung als Bezugsflächen im Netz der nationalen und globalen Umweltbeobachtung, d.h. unter anderem zur Erfassung der Wirkung von Stoffeinträgen, von Umwelt- und Klimaveränderungen und zu Fragen langfristiger, systemarer Umweltbeobachtung zu. Die Umsetzung einer ökosystemaren Umweltbeobachtung wird von der UNESCO als ein wesentliches Kriterium bei der Überprüfung von Biosphärenreservaten herangezogen.

- Inventur und Dokumentation der Naturausstattung des Biosphärenreservats und ihrer gegenwärtigen und historischen Nutzung als Ausgangsbasis für Maßnahmen der Forschung und Umweltbeobachtung

- Untersuchung der Auswirkungen der historischen und modernen Formen der Landnutzung sowie der Umweltverschmutzung auf die Struktur und Funktion von Ökosystemen und den Naturhaushalt

- Entwicklung nachhaltiger Produktions- und Sanierungsverfahren für bereits geschädigte Gebiete

Bestimmung der notwendigen Anforderungen für die Erhaltung der biologischen Vielfalt

## 4.5. Umweltbildung (Kommunikationsfunktion)

Verbunden mit der Aufgabe, die Beziehung zwischen Mensch und Umwelt zu verbessern, sind neben der Naturerlebnisfunktion auch Umweltbildung und Öffentlichkeitsarbeit wesentliche Aufgaben der Biosphärenreservate. Bevölkerung und Besucher sollen über Bedeutung und Funktionen der Biosphärenreservate informiert werden. Von zentraler Bedeutung ist dabei die Vermittlung des Prinzips der Nachhaltigkeit von Nutzungen für die Erhaltung der natürlichen Ressourcen. Umweltbewusstes Handeln soll gefördert werden. Biosphärenreservate können daneben der praxisnahen Aus- und Fortbildung von Wissenschaftlern und im Umweltschutz tätigem Personal dienen. Folgende Aktivitäten stehen dabei im Vordergrund:

- Wissenschaftliche und fachliche Ausbildung

- Umwelterziehung

- Praktische Demonstration und Beratung

- Information der ansässigen Bevölkerung mit gleichzeitiger Bereitstellung von Beschäftigungsmöglichkeiten

## 5. Status der Biosphärenreservate

Im Oktober 2005 gab es 489 Biosphärenreservate in 102 Ländern. Sie haben mit 2,5 Millionen Quadratkilometer einen Anteil von ca. 2 % an der Landfläche der Erde. In Deutschland existieren 14 Biosphärenreservate auf 1.738.913 ha und nehmen 4,3 % des Bundesgebietes ein.

Nach den "Internationalen Leitlinien für das Weltnetz der Biosphärenreservate" soll der Zustand eines jeden Biosphärenreservats in einem zehnjährigen Turnus durch die jeweilige nationale Beratungs- und Koordinierungsstelle (in Deutschland das MAB-Nationalkomitee) überprüft werden (UNESCO 1996 ). 2001 wurden die Biosphärenreservate Mittlere Elbe Bayerischer Wald und Vessertal-Thüringer Wald, 2002 die Biosphärenreservate Schorfheide-Chorin, Berchtesgaden und Spreewald, 2003 die Biosphärenreservate Südost-Rügen, Pfälzerwald und Rhön sowie 2004/2005 die drei Wattenmeer-Biosphärenreservate überprüft. 2004/2005 werden die drei Wattenmeer-Biosphärenreservate überprüft. 2006 wird das Biosphärenreservat Oberlausitzer Heide- und Teichlandschaft geprüft.

Das deutsche MAB- Nationalkomitee bescheinigt den 14 deutschen Biosphärenreservaten Fortschritte und effiziente Arbeit. Folgende Optimierungserfordernisse können benannt werden (DEUTSCHES MAB-NATIONALKOMITEE 2004 ):

- Intensivere Kommunikation des Biosphärenreservat-Konzeptes; Stärkung der Identifikation der örtlichen Bevölkerung mit "ihrem" Biosphärenreservat.

- Verstärkte Förderung der nachhaltigen Regionalentwicklung sowie Förderung und Bündelung der Forschung in den Biosphärenreservaten

Zwar verpflichtet die Kategorie der Biosphärenreservate die UNESCO- Mitgliedsländer Schädigungen in diesen Gebieten zu unterlassen, haben es sind diverse Einflüsse und Konflikte vorhanden, welche die Integrität der Gebiete stören. Entscheidende Konfliktfelder sind nach Ellenberg at al (1997):

- Fehlendes Bewusstsein für Naturschutz

- Unzureichende Nationale Schutzstrategien

- Falsche Steuerpolitik und Landrechtsreglung

- Landnutzungsdruck

- Exportorientierte Landwirtschaft

- Abbau von Bodenschätzen

- Zentrierung in Agglomerationen

- Bürgerkrieg und Flüchtlingsströme

- Unzureichendes Naturschutzpersonal und geringe Kontrollmöglichkeiten

- Fehlende Akzeptanz durch lokal betroffene Bevölkerung

- Ausschluss von Gruppen

- Brain drain

- Ungesicherte Finanzierung

- Verkehrserschließung

- Kleinräumige Schutzgebiete und Sog in Pufferzonen

# 6. Biosphärenreservate in Deutschland

## 6.1. BR Bayrischer Wald

Gründungsjahr
1970

Geographische Lage
Zentraler Teil des Bayerischen Waldes, der zusammen mit dem östlich angrenzenden Böhmerwald das größte zusammenhängende Waldgebiet Europas darstellt.

Größe
24250 ha

Landschaftstypen
Nadelholzdominiertes Mittelgebirge mit nur noch teilweise bewirtschafteten Bergmischwäldern (bis 1453 m ü. NN). Gestein: Granit und Gneis. Naturraum: 95 % Wald, zum Teil sehr ursprünglich und urwaldähnlich. Außerdem ausgedehnte Moore und naturbelassene Bergbäche; typische Tierarten naturnaher ausgedehnter Bergwälder. Vorkommen von Luchs (Lynx lynx) und Auerhuhn (Tetrao urogallus).

## 6.2. BR Berchtesgaden

Gründungsjahr
1978

Geographische Lage
Der Nationalpark Berchtesgaden liegt im Südosten der Bundesrepublik Deutschland im Freistaat Bayern und grenzt an das österreichische Bundesland Salzburg an. Er umfasst eine Fläche von 210 km² und befindet sich ausschließlich in staatlichem Eigentum.

Größe
20808 ha

Landschaftstypen
Typische Landschaft der nördlichen Kalkalpen mit Bergmischwäldern und montanen Fichtenwaldkomplexen, Gewässern, Rasengesellschaften, Felsschuttfluren; Vorkommen von Steinadler (Aquila chrysaetos), Schneehuhn (Lagopus mutus) und Murmeltier (Marmota marmota).

## 6.3. Biosphärenreservat Flusslandschaft Elbe – Brandenburg

Gründungsjahr
1997

Geographische Lage
nordwestliches Brandenburg

<u>Größe</u>
30260 ha

<u>Landschaftstypen</u>
Letzter naturnaher Strom Deutschlands; naturnahe Hart- und Weichholz-Auwaldkomplexe, Bruch- und Niederungswälder an den Seitenzuflüssen, in der Aue weite Überschwemmungs-flächen mit Stromtalwiesen; Sandufer, Binnendünen mit Sandtrockenrasen und reiche Palette unterschiedlicher Gewässerformen wie Altwasser und Qualmwasserzonen. Lebensraum für den Elbe-Biber (Castor fiber albicus); hohe Weißstorchdichte (Ciconia ciconia), wichtiger Zugkorridor für nordische Gastvögel.

## 6.4. Hamburgisches Wattenmeer

<u>Gründungsjahr</u>
1990

<u>Geographische Lage</u>
Wattenmeer / Elbmündungsbereich

<u>Größe</u>
11700 ha

<u>Landschaftstypen</u>
Wattenmeer, Düneninseln, strukturreiche, historische Insel-Kulturlandschaft, Salzwiesen
Durch Nährstoffeintrag der Elbe begünstigte, individuenreiche Fisch- und Wasservogelfauna, jährlich bis zu 10.000 Brutpaare stark gefährdeter Seeschwalbenarten allein auf den Dünen-inseln Scharhörn und Nigehörn; ferner Vorkommen von Seehund (Phoca vitulina) und Schweinswal (Phocoena phocoena)

## 6.5. Flusslandschaft Elbe

<u>Geographische Lage</u>
Zwischen Lauenburg und Dömitz

<u>Größe</u>
42.600 ha

<u>Landschaftstypen</u>
Flussauen, Uferhänge und Binnendünen

## 6.6. Niedersächsische Elbtalaue

<u>Geographische Lage</u>
Elbe zwischen Schnackenburg und Lauenburg, 50km südöstlich von Hamburg in Niedersachsen

<u>Größe</u>
56.760 ha

Landschaftstypen
Flussauen, Feuchtgrünland, Binnendünen

## 6.7 Niedersächsisches Wattenmeer

Gründungsjahr
1986

Geographische Lage
Nordseeküste Niedersachsen zwischen Ems und Elbe, einschließlich vorgelagerte Inseln

Größe
280000 ha

Landschaftstypen
Wattenmeer, Ständig wasserführende Rinnen, Salzwiesen und Dünen der Ostfriesischen Inseln, Brut-, Aufzucht-, Rastgebiet vieler Vogelarten, Lebensraum für Seehunde (Phoca vitulina); neben Hochgebirge letzte großräumige Naturlandschaft Deutschlands; Vorkommen von Kornweihe (Circus cyaneus) und Sumpfohreule (Asio flammeus).

## 6.8 Oberlausitzer Heide- und Teichlandschaft

Gründungsjahr
1994

Geographische Lage
Im Nordosten Sachsens

Größe
30102 ha

Landschaftstypen
Teil des größten deutschen Teichgebietes; eingebettet in eine von Kiefernforsten, Mooren und Binnendünen geprägte Heidelandschaft; Reproduktionsschwerpunkt des Fischotters (Lutra lutra) in Deutschland, Vorkommen des Ziegenmelkers (Caprimulgus europaeus)

## 6.9. Rhön

Geographische Lage
Dreiländereck Bayern, Hessen, Thüringen

Größe
1850 km$^2$

Landschaftstypen
Mittelgebirge mit markanten Kegeln und Kuppen, großflächige naturnahe Laubwälder auf Kalkstein und Basalt; Schlucht- und Blockschuttwälder; offene Basalt-Blockschutthalden,

Moore, großflächige Bergmähwiesen (Goldhaferwiesen und Borstgrasrasen); großflächige beweidete Halbtrockenrasen, naturnahe Mittelgebirgsbäche mit ihren Auen; außeralpines Vorkommen des Birkhuhns (Tetrao tetrix), Vorkommen von Raubwürger (Lanius senator) und Berghexe (Chazara briseis).

## 6.10. Schaalsee

Gründungsjahr
1990

Geographische Lage
Westmecklenburgisches Seen- und Hügelland

Größe
30260

Landschaftstypen
Von den Eiszeiten geprägte Kulturlandschaft; kalkreiche, tiefe Seen und Sümpfe mit Cladium mariscum, Auenwälder mit Erlen-Eschenwäldern, Bruchwälder, Moore, Trockenrasen, Grünland; Vorkommen von Seeadler (Haliaeetus albicilla), Rotbauchunke (Bombina bombina) und Großer Maräne (Coregonus lavaretus)

## 6.11. Schleswig-Holsteinisches Wattenmeer und Halligen

Gründungsjahr
1990

Geographische Lage
Wattenmeer an der schleswig-holsteinischen Nordseeküste zwischen Dänemark im Norden und der Elbmündung im Süden

Größe
443.085 ha

Landschaftstypen
Wattflächen, Salzwiesen, Halligen, Dünen, Strände und Sände, Flachwasserbereich der Nordsee (max. 20m)

## 6.12. Schorfheide-Chorin

Gründungsjahr
1990

Geographische Lage
nördlich von Berlin in der Uckermark

Größe
129000 ha

Landschaftstypen

Glazial überformte Landschaft (Grund- und Endmoränen, Sander) mit Buchen- und Kiefernwäldern (z.T. alte Hutewälder), Mooren, oligotrophen Seen; u.a. Vorkommen von Schreiadler (Aquila pomarina), Kranich (Grus grus) und Sumpfschildkröte (Emys orbicularis)

### 6.13. Spreewald

Gründungsjahr

1990

Geographische Lage

100 km südöstlich von Berlin

Größe

47400 ha

Landschaftstypen

Spreewald, weitgehend naturnahe Auenlandschaft mit ca. 1550 km Fließgewässern, Großes Niederungsgebiet mit naturnahen Erlenbruchwaldkomplexen, extensiven Feuchtwiesen und einem weit verzweigten Fließgewässernetz; u.a. Vorkommen von Schwarzstorch (Ciconia nigra), Fischotter (Lutra lutra) und zahlreicher Libellenarten

### 6.14. Südost-Rügen

Gründungsjahr

1990

Geographische Lage

südöstliches Rügen mit Teilgebieten Granitz, Mönchgut, Umgebung von Putbus, Insel Vilm, nördlicher Teil des Rügischen Boddens

Größe

23500 ha

Landschaftstypen

Naturraum mit allen Küsten- und Landschaftsformen des mecklenburg- vorpommerschen Küstenraums, extensiv genutzte, reich gegliederte und vielgestaltige Kulturlandschaft Rügens mit z.B. großflächigen extensiven Schaftriften auf Moränenkernen, Boddenlandschaft, alte Laubwälder (Vilm, Granitz); u.a. Vorkommen von Seeadler (Haliaeetus albicilla), Fischadler (Pandion haliaetus), Raubseeschwalbe (Sterna caspia) und Kreuzkröte (Bufo calamita)

### 6.12. Vessertal

Gründungsjahr

1979

Geographische Lage

Mittlerer Thüringer Wald zwischen Ilmenau, Schleusingen und Suhl

<u>Größe</u>
17000 ha

<u>Landschaftstypen</u>
zentraleuropäische Mittelgebirgsschwelle, Großflächige Waldgebiete, Reste naturnaher
Bergmischwälder mit Tanne (Abies alba) an ihrer nördlichen Arealgrenze; Bergwiesen,
Silikatblockhalden, Felsen, Hochmoore, dichtes Netz naturnaher Fließgewässer; u.a.
Vorkommen von Birkhuhn (Tetrao tetrix), Mopsfledermaus (Barbastella barbastellus) und
Nordischer Moosjungfer (Leucorrhinia rubicunda)

*6.13.Pfälzerwald/ Nordvogesen*

<u>Gründungsjahr</u>
1992

<u>Geographische Lage</u>
Im Süden Rheinland- Pfalz an der Grenze zu Frankreich

<u>Größe</u>
1790 km$^2$

<u>Landschaftstypen</u>
Laubwaldgebiet mit artenreichen Wiesentälern, Bruchwäldern, Nass- und Feuchtwiesen,
Nieder- und Zwischenmooren, Quellbereichen; Vorkommen von Wanderfalke (Falco
peregrinus), Wildkatze (Felis sylvestris) und Luchs (Lynx lynx)

## Biosphärenreservate in Deutschland

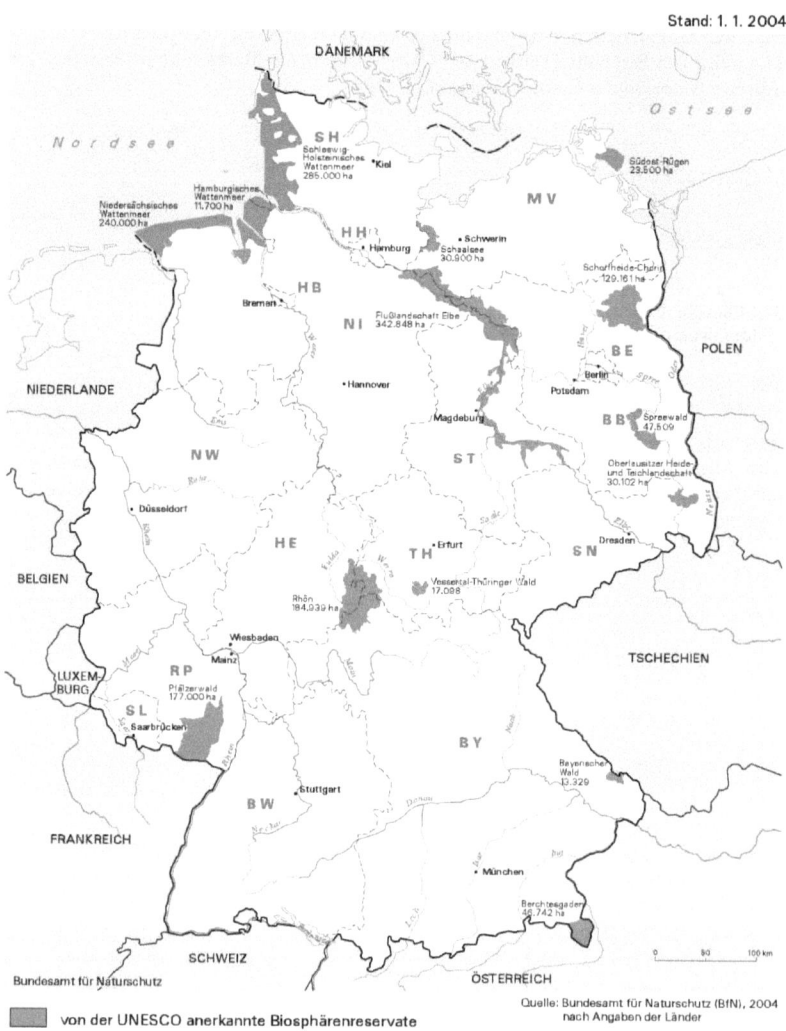

Quelle: Bundesamt für Naturschutz (BfN), 2004
nach Angaben der Länder

von der UNESCO anerkannte Biosphärenreservate

Quelle: Bundesamt für Naturschutz 2004

**7. Das Biosphärenreservat Südost Rügen**


Das Biosphärenreservat Südost-Rügen wurde 1990 gegründet und 1991 mit der Anerkennung durch die UNESCO in das Weltnetz des MaB- Programms aufgenommen. Es liegt im Südosten der Ostseeinsel Rügen. Mit ihm wurde ein repräsentativer Landschaftsausschnitt des nordostdeutschen Tieflandes unter Schutz gestellt, der auf kleinstem Raum alle Landschafts- und Küstenformen des mecklenburg- vorpommerschen Küstenraumes widerspiegelt. Land und Meer sind tief ineinander verzahnt. Halbinseln und Küstenvorsprünge werden einerseits durch schmale Landstreifen miteinander verbunden, andererseits durch Bodden und Wieken voneinander getrennt. Feinsandige, breite Sandstrände an der Ostseeküste wechseln mit schroffen Steilküsten, an deren Kliffsäumen imposante Blockstrände entstanden sind. Boddenseitig werden die Ufer meistens von breiten Schilfgürteln gesäumt. Ausgedehnte Buchenwälder oder Magerrasen prägen Endmoränenstandorte, Wiesen und Weiden die nacheiszeitlich entstandenen Niederungen.

So groß wie die natürliche ist auch die kulturelle Vielfalt. Die Zeugnisse menschlicher Siedlung und Kultur reichen von den Großsteingräbern der Jungsteinzeit über die bronzezeitlichen Hügelgräber, die slawischen Burgwälle, die mittelalterlichen Kirchen und Dorfstrukturen, den Klassizismus und die Bäderarchitektur bis in die Moderne.

Hervorzuheben ist das Erbe des Fürsten Wilhelm Malte I. zu Putbus, der zu Beginn des 19. Jahrhunderts mit seiner Residenzstadt Putbus einen Höhepunkt des norddeutschen Schinkel-Klassizismus schuf und weite Teile der Rügenschen Landschaft mit einer Kombination aus hohem ästhetischem Anspruch und wirtschaftlichem Aufschwung zu einem Vorläufer des heutigen Biosphärenreservats machte. Zu den Wahrzeichen des Biosphärenreservats gehört auch die Rügensche Kleinbahn "Rasender Roland" als traditionsreiches Verkehrsmittel und Kulturdenkmal. Landwirtschaft und Fischerei waren über Jahrtausende die tragenden Säulen von Wirtschaft und Kultur. Seit gut 100 Jahren hat sich der Tourismus zur wichtigsten Einnahmequelle entwickelt.


**8. Biosphärenreservate- Kritische Anmerkungen**

Biosphärenreservate haben ihren Hauptverbreitungsschwerpunkt in Mitteleuropa. Sie liegen innerhalb einer durch Jahrhunderte lange Tätigkeit des Menschen geformten Kulturlandschaft. Diese historische Kulturlandschaft, wie sie sich aktuell darstellt ist das Ergebnis einer Landnutzung, wie sie heute nicht mehr betrieben wird. Mit den Biosphärenreservaten wird deshalb eine antiquierte Kulturlandschaft unter Schutz gestellt, die durch wirtschaftliche Tätigkeiten wie Land- und Forstwirtschaft nicht mehr in althergebrachter Weise gestaltet wird. Die Folge ist zum Einen ein hoher natur (kultur-) schützerischer Pflegeaufwand, der mit nicht unerheblichen Kosten verbunden ist, zum Anderen sind Akteure, welche die Landschaft gestalten, pflegen und nutzen nicht immer vorhanden.

Das Konzept einer nachhaltigen Entwicklung wie sie in Biosphärenreservaten verfolgt wird, wurde in früheren Zeiten zwar nicht explizit so genannt, es gab aber durchaus Epochen und Orte (Erste hälfte des 19. Jh. in der Gemeinde Putbus auf Rügen) wo eine Entwicklung sozial gerecht, ökonomisch tragfähig und ökologisch verträglich war. Insofern versuchen Biosphärenreservate nicht neue Wege der Landnutzung zu gehen, sondern wollen das verwirklichen, was einmal Bestand hatte und aufgrund einer zunehmend industrialisierten und entfremdeten Welt selten geworden ist.

Bei der Vermittlung der Biosphärenreservatsidee gibt es oft Kommunikationsprobleme. Menschen innerhalb der Gebiete fühlen sich in ihrer wirtschaftlichen Aktivität eingeschränkt, was zu Teilen auch zutreffend ist. Die Verwaltungen agieren oftmals entgegen ihrem Anspruch aus einem top- down Ansatz.

Die Integrität der Schutzgebiete kann oftmals unter den in Punkt 5 genannten Problemen nicht gewährleistet werden.

Ökologische Landnutzungsformen werden innerhalb der Reservate nicht gesondert honoriert, den Verwaltungen fehlt es an Personal und Geld. Die öffentliche Darstellung über Biosphärenreservate ist nicht immer zutreffend, sie werden mit anderen Großschutzgebieten, z.B. Nationalparken verglichen.

## 9. Zusammenfassung

Biosphärenreservate als international ausgewiesene Schutzgebiete der UNESCO besitzen den hohen Anspruch ein weltweites Netz bedeutender Kulturlandschaften darzustellen. Die bisher unternommenen Anstrengungen und die Neuausweisung von Biosphärenreservaten kennzeichnet den Erfolg des Programms „Man and biosphere". Besonders im Hinblick auf die Integration des wirtschaftenden Menschen kommt den Biosphärenreservaten eine besondere und wichtige Rolle zu. In dicht besiedelten Gebieten wie dem nördlichen Mitteleuropa sind Biosphärenreservate der Konzeption der Nationalparke deshalb vorzuziehen.

Problematisch ist die Diskrepanz zwischen moderner Landnutzung und die ihr entsprungenen Landschaften und der Schutz historischer Kulturlandschaften, die eine nicht mehr existierende Landnutzung verlangen. In diesem Zusammenhang sind die Schutzziele und der Gebietscharakter den gesellschaftlichen Bedürfnissen und Möglichkeiten stärker anzupassen.

Biosphärenreservate sind Kulturlandschaften von hohem Wert, die es zu entwickeln und zu schützen gilt. Die Konzeption kristallisiert sich unter allen Gebietsnaturschutzvorhaben als die erfolgreichste heraus. Der Fortbestand wird sich letztlich über die Integration und Identifikation der Menschen mit ihrer Landschaft entscheiden.

## 10. Literatur

DEUTSCHES NATIONALKOMITEE FÜR DAS PROGRAMM "DER MENSCH UND DIE BIOSPHÄRE" (MAB)(Hrsg.)(2004): Voller Leben. UNESCO Biosphärenreservate - Modellregionen für eine nachhaltige Entwicklung. Springer Verlag, 314 S.

DEUTSCHES NATIONALKOMITEE FÜR DAS PROGRAMM "DER MENSCH UND DIE BIOSPHÄRE" (MAB) (HRSG.) (1996): Kriterien für Anerkennung und Überprüfung von Biosphärenreservaten der UNESCO in Deutschland. - Bonn, 72 S.

EUROPARC DEUTSCHLAND (2005): Biosphärenreservate in Deutschland. Natürlich nah. Berlin, 37 S.

Ellenberg et al. (1997) : Ökotourismus. Heidelberg, Berlin, Oxford, 299 S.

GERMAN NATIONAL COMMITTEE FOR THE UNESCO "Man and the Biosphere" (MAB) Programme (1996): Criteria for designation and evaluation of UNESCO biosphere reserves in Germany.- Bonn, 72 S.

INGRID, I., OBERLEITNER, I, TIEFENBACH, M(1999): Biogenetische Reservate und Biosphärenreservate in Österreich. (Biogenetic Reserves and Biosphere Reserves in Austria - English Summary), Wien 1999, (Reports; R-161)

KORN, H. ; STADLER, J. ; G. STOLPE (1998): Internationale Übereinkommen, Programme und Organisationen im Naturschutz, BfN- Skripten 1, Bonn- Bad Godesberg, 137 S.

STÄNDIGE ARBEITSGRUPPE DER BIOSPHÄRENRESERVATE IN DEUTSCHLAND (Hrsg.): Biosphärenreservate in Deutschland. Leitlinien für Schutz, Pflege und Entwicklung. Springer Verlag, Berlin, Heidelberg, New York 1995.

UNESCO (Hrsg.) (1996): Biosphärenreservate. Die Sevilla-Strategie und die Internationalen Leitlinien für das Weltnetz. - Bonn (Bundesamt für Naturschutz), 24 S

UNESCO (HRSG.) (1995): Statutory Framework of the World Network of Biosphere Reserves. - UNESCO, Paris.

### Internetquellen

http://www.unesco.org

http://www. unep-wcmc.org

http://ww2.unesco.org/mab/bios1-2.htm

http://bure.unep-wcmc.org/imaps/gb2002/book/viewer.htm

www.bfn.de

www.uba.de